CHROMAGRAPHIE
de ROUGET de LISLE
breveté

Dessins.

Tapisseries.

Dessinateurs adjoints:
Daix peintre.
Jacquemin
Augustin
Thuillier
Margarita

Collaborateurs:
Heyrolle père artiste lapidaire
Deyrolle Fils peintre
Bonvalle
Triaclation
Chimiste

Chez l'auteur
Rue du faubourg Poissonnière 1
chez Pitois Levrault & Cie
rue de la Harpe N°81
PARIS

1839.

J. Jetot

Litt. Roger et Cie, r. riche, 7.

Couleurs

Laines teintes Dessins et Impressions
sur étoffes et Canevas Tapisseries de
points et à l'instar de celles des
Gobelins et de Beauvais.

CHROMAGRAPHIE.

CHROMAGRAPHIE

OU

L'ART DE COMPOSER UN DESSIN

A L'AIDE

DE LIGNES ET DE FIGURES GÉOMÉTRIQUES,

et

DE L'IMITER AVEC DES MATIÈRES COLORÉES,

COMPRENANT :

1º L'impression en noir et en couleur sur papier, canevas et tissus ;
2º La préparation des couleurs et matériaux nécessaires aux dessinateurs, aux coloristes et fabricants de tapis et de tapisseries, et classés sur une Table chromatique d'après la loi du contraste simultané des couleurs de M. Chevreul, directeur des teintures des manufactures royales ;
3º Un nouveau procédé de fabrication de la tapisserie de points ;
4º L'art de la fabrication des tapisseries à l'instar de celles des Gobelins et de Beauvais, et des tapis de Perse et de la Savonnerie ;

PAR ROUGET DE LISLE,

ÉLÈVE DE M. CHEVREUL, ET FABRICANT DE TAPISSERIES, BREVETÉ DU ROI.
MEMBRE DE LA SOCIÉTÉ D'ENCOURAGEMENT.

COLLABORATEURS: DEYROLLE père, chef d'atelier, — DEYROLLE fils, peintre des modèles de tapis, BONVALET, préparateur, attaché au laboratoire de chimie, de la manufacture royale des Gobelins.

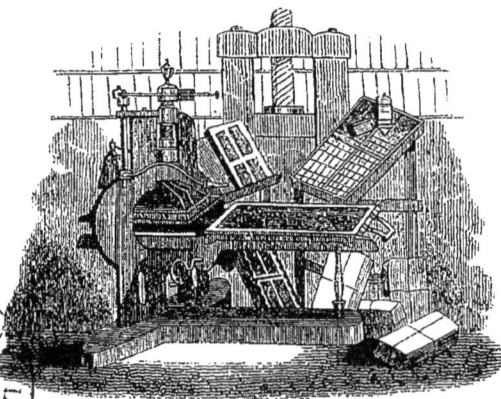

Paris.

CHEZ L'AUTEUR,
RUE DU FAUBOURG-POISSONNIÈRE, 8.
CHEZ PITOIS-LEVRAULT ET COMPAGNIE, RUE DE LA HARPE, 81 ;
CHEZ LES PRINCIPAUX LIBRAIRES ET FABRICANTS DE COULEURS.

1839.

CHROMAGRAPHIE

OU

L'ART DE COMPOSER UN DESSIN A L'AIDE DE LIGNES

ET DE FIGURES GÉOMÉTRIQUES,

et de l'imiter avec des matières colorées.

L'activité et le goût des Dames garantissent
le succès.

Ouvrir une carrière nouvelle aux travailleurs; créer une occupation
amusante et lucrative aux dames et aux artistes coloristes, dont les travaux, généralement très-peu payés, se font avec concurrence et rabais;
développer le travail du coloris et de la tapisserie par la composition de
modèles de goût qui le font aimer et rechercher; propager, en outre, le
sentiment et l'amour du beau par un enseignement vrai; réunir et classer
d'une manière claire et précise les connaissances que doivent avoir le pein-

tre et le fabricant de tapisseries sur les matériaux et les objets qui leur sont
utiles et strictement nécessaires ; indiquer la marche à suivre pour exécuter
ces travaux d'une manière agréable, économique et complète; perfectionner les matières premières, en simplifier l'emploi, et en diminuer le
prix d'achat, nous ont paru une chose utile et capable d'augmenter la
richesse et le bien-être de tous : nous l'avons mise en œuvre.

Encouragé par M. Lavocat, Administrateur de la Manufacture royale
des Gobelins, qui depuis longtemps avait senti la nécessité de propager
au-dehors le travail de la tapisserie des Gobelins, et qui a bien voulu mettre
à notre disposition tous les matériaux nécessaires à son exécution; guidé
particulièrement par les leçons et les conseils que nous a donnés M. Chevreul, Membre de l'Institut, Directeur des teintures des Manufactures
royales, nous avons pu continuer facilement notre entreprise, dont l'activité et le goût des dames garantissent le succès.

Nous avons travaillé, travaillé beaucoup; et les expériences que nous
avons faites nous ont conduit à la découverte d'un nouveau système que
nous nommons *Chromagraphie, ou l'art de composer un modèle à l'aide de
lignes et de figures géométriques, et de l'imiter avec des matières colorées.*

Ce système étant susceptible d'être appliqué avec avantage aux arts du
coloriste, de la fabrication des tapisseries de points, de celles à l'instar des
Gobelins et des tapis de la Savonnerie, nous avons pensé à écrire le pro-
gramme des matériaux et procédés qu'il nécessite, et à donner un guide
aux personnes qui voudront entreprendre les divers travaux qu'il embrasse.

Nous l'avons donc divisé en quatre parties : la première partie comprend
les qualités et connaissances que doit avoir le coloriste; la seconde partie,
les couleurs et matériaux nécessaires au compositeur de dessins et au fabricant de tapis et tapisseries; la troisième partie, tous les procédés propres
à faire acquérir dans le travail de la composition des dessins pour tapisseries, et dans celui de la tapisserie de points, la plus grande perfection
possible; la quatrième partie comprend l'art de la fabrication des tapisseries et tapis à l'instar de ceux des Gobelins et de la Savonnerie.

Nous nous sommes assuré, en outre, la collaboration d'artistes dont les
travaux connus et appréciés pouvaient donner créance en nos idées et en
assurer l'entière et complète application.

M. DEYROLLE père, Chef d'atelier à la Manufacture royale des Gobelins,
dont les études sur l'art du Tapissier de cet établissement ont servi de
base à notre travail de tapisseries à l'instar de celles des Gobelins, diri-

gera l'exécution des tapisseries et tapis de points, formera les assortiments de couleurs nécessaires, et enseignera les connaissances indispensables pour leur fabrication.

M. DEYROLLE fils, Peintre des modèles de tapis de la Manufacture royale des Gobelins, composera les dessins originaux pour meubles, tentures, décorations intérieures et tapis, et dirigera le travail des peintres, des coloristes et des compositeurs de dessins pour tapisseries de points.

M. BONVALET, Préparateur des travaux chimiques à la Manufacture royale des Gobelins, attaché à M. Chevreul, surveillera ce qui a rapport au perfectionnement de la teinture des laines et des couleurs préparées pour les coloristes.

Dessinateurs-Adjoints :

M. DAIX, ancien Dessinateur de châles d'une de nos premières fabriques, Peintre et Professeur de dessin;

M. JACQUEMIN, Compositeur de dessins pour la broderie et la tapisserie;

M. AUGUSTIN, Dessinateur et Peintre pour les étoffes imprimées, brochées et façonnées.

M. A^de THUILLIER, Dessinateur-Coloriste.

M. Antonio MARGARITA, Peintre-Décorateur, élève de M. Ciceri.

Rougel De Lisle,

Directeur-propriétaire.

Première Partie.

DU COLORIS

APPLIQUÉ

AUX MODÈLES DE TAPISSERIES ET TAPIS.

Typographie de LACRAMPE et Comp., rue Damiette, 2.

DU COLORIS

APPLIQUÉ

AUX DESSINS ET AUX MODÈLES DE TAPISSERIES DE POINTS,

À L'INSTAR

DE CELLES DES GOBELINS,

ET DES TAPIS DE PERSE ET DE LA SAVONNERIE.

———————⊷◦⊶———————

Un vaste élan est imprimé à toutes les fabrications ; partout on cherche à simplifier la production, à l'améliorer, et à remplacer le travail des bras par celui d'une machine qui produise plus de choses et à un prix de revient plus bas ; et chaque jour nous voyons apparaître de ces nouvelles machines qui témoignent des efforts et de l'habileté des inventeurs; mais il faut reconnaître aussi que la plupart fournissent des produits *préparés* ou simplement *ouvrés,* dont la confection entière et complète nécessite encore le travail de plusieurs individus, et la coopération de plusieurs industries distinctes, qui emploient des procédés d'exécution encore très-imparfaits et fort coûteux. Quelques-unes de ces industries, comme celles qui s'occupent de la confection des objets d'art, de la composition des dessins de fabrique, ne sont point susceptibles de recevoir aucune amélioration sous le rapport de l'économie du temps et de la main-d'œuvre, à cause du goût et du sentiment que leur exécution exige, et que l'on ne peut obtenir que par le travail d'une main exercée, et par l'activité d'un artiste habile et d'une intelligence supérieure. Toutes les tentatives, du reste, que l'on pourrait faire sur ces points, tendraient, au contraire, à dégrader les produits, décourageraient les artistes de talent qui les fabriquent, et les forceraient d'abandonner une exploitation qui ne leur fournirait plus quelque profit et quelque difficulté qui développe l'âme, et crée l'espérance et le travail du lendemain. Nous citerons, comme exemple, les modèles et dessins coloriés pour la *broderie et la tapisserie de points,* dont l'exécution, considérée en France comme un métier, est entièrement abandonnée à des personnes sans talent, et rendue d'une manière grossière. Cependant, ce genre de coloris n'est point étranger au progrès du bon goût; et les tapisseries que nos dames françaises travaillent à la main, d'un effet si admirable de dessin et de couleur, quoique le plus souvent exécutées sans modèle, ne servent qu'à démontrer ce fait incontestable, que nous sommes encore loin de la perfection que l'on pourrait atteindre par une étude approfondie sur cette matière, et même de ce que font les étrangers.

S'il existait quelque doute à cet égard, il nous suffirait de rappeler la préférence que les consommateurs accordent aux modèles de tapisserie fabriqués à Berlin, qui sont, il faut l'avouer, d'une exécution de forme et de coloris poussée à un haut point de perfection que n'ont pas encore atteint nos produits similaires français. Eh bien ! croira-t-on que la plupart de ces dessins ont été exécutés d'après des modèles fournis par nos artistes et fabricants de tapisserie, ou copiés d'après des lithographies et gravures publiées en France ?... Chose étrange ! le papier même sur lequel ils sont imprimés, a été fabriqué à Annonay. D'où vient donc alors notre infériorité à cet égard ?

Nous l'avons déjà dit, c'est que nous regardons, en France, le coloris de ces dessins comme un métier, et non comme un art qui exige une observation et des soins de la part du compositeur. Cependant un dessin colorié pour la tapisserie n'est pas chose facile ; la volonté seule ne suffit pas pour le bien faire : le goût, la connaissance du dessin, de l'arrangement des couleurs, de leur effet, de leur harmonie, la patience même, sont indispensables à la personne qui se livre à ce genre de travail, dans lequel on doit retrouver, sinon d'une manière absolue, les règles du coloris comme les peintres les entendent, du moins, la nature et la vérité du sujet. Il faut donc pour l'exécuter un artiste intelligent ; et celui-ci dédaigne de s'y livrer en le regardant comme un travail d'enluminure d'images et surtout comme peu lucratif. Étrange erreur qui a fait la fortune de plusieurs fabricants allemands, qui l'ont retournée au profit de l'art et de l'industrie, et qui leur facilite ainsi la supériorité et la vente de leurs tapisseries confectionnées, dont la valeur s'élève à plus de deux millions par année !

On ne saurait nier, toutefois, que des perfectionnements de quelque intérêt n'aient été faits depuis quelques années pour améliorer cette branche de l'art. Mais ces améliorations, réduites, d'ailleurs, à quelques dessins, sont toujours demeurées dans le portefeuille du compositeur, qui n'a pu trouver un éditeur qui voulût se charger de faire les frais de leur mise en œuvre et de leur publication. En outre, le manque d'argent nécessaire pour faire les premières dépenses d'établissement, et la nécessité de pourvoir aux besoins journaliers de la vie, ont toujours empêché les artistes-dessinateurs et coloristes de faire eux-mêmes cette entreprise, et de pousser plus loin les améliorations, et les sacrifices de temps et de travail. Ainsi, le mauvais vouloir des uns et l'impuissance des autres entretiennent les choses en leur état d'infériorité.

Il était donc indispensable, pour perfectionner et améliorer les progrès du coloris et de la tapisserie, de faire disparaître le travail des bras, et de l'échanger en travail d'intelligence; de relever la classe laborieuse en lui donnant les moyens de développer sa pensée; et de rejeter tout ce qui exige seulement une force sur un moteur inanimé et infatigable. Il fallait créer une machine, une méthode, un procédé qui pût ménager l'imagination inventive de nos compositeurs actuels de dessins, et facilitât la reproduction des modèles par des mains moins habiles et que l'on pourrait payer beaucoup moins.

Ce but tant désiré, et vainement recherché depuis longtemps, vient d'être atteint. A l'aide d'un nouveau procédé de notre invention, que nous appelons *chromagraphie*, nous pouvons composer et imprimer en noir et en couleur sur papier, canevas et tissus, des dessins pour la broderie, la tapisserie et les tapis de commerce, etc., et les livrer aux consommateurs à 50 p. 0/0 au-dessous des dessins similaires exécutés à la main. Nous pouvons, en outre, par une exécution plus prompte et toujours soignée, remplir du jour au lendemain toutes les demandes qui pourraient nous être adressées sur cet objet, et satisfaire en même temps au goût et aux exigences de productions de tous. Chacun pourra composer et imiter de pareils dessins à l'aide de matières colorées; la connaissance des règles et des matériaux que nous allons indiquer fournit les moyens de faire facilement et de bien faire. Quant aux difficultés que l'on rencontre dans le travail, et qu'on ne peut prévoir, l'œil et l'habitude apprendront les moyens de les vaincre; et un livre ne saurait les indiquer. Cependant, il est quelques observations que nous pourrons adresser aux personnes qui voudront s'occuper d'un pareil genre de travail, et nous nous empresserons de leur fournir tous les renseignements propres à les éclairer.

Rouget De Lisle.

Deuxième Partie.

—◦◦◦—

COULEURS ET MATÉRIAUX

DU

DESSINATEUR - COLORISTE

ET DU

FABRICANT DE TAPISSERIES ET TAPIS,

Typographie de LACRAMPE et Comp., rue Damiette, 2.

TABLE

CHROMATIQUE CIRCULAIRE

COMPOSÉE

D'APRÈS LA LOI DU CONTRASTE SIMULTANÉ DES COULEURS

DE

M. CHEVREUL,

Membre de l'Institut, Directeur des Teintures des Manufactures royales.

Cette Table, formée sur un cercle d'un rayon arbitraire, se compose :

1° De trois rayons principaux qui divisent le cercle en trois parties égales, et représentent les trois couleurs *primitives franches* des artistes:

rouge, jaune, bleu, et que nous appelons génératrices, parce qu'en les combinant deux à deux et dans des proportions différentes on obtient toutes les couleurs franches;

2° De trois rayons secondaires qui partagent en deux parties égales les espaces que comprennent deux rayons primitifs, et représentent les couleurs composées ou complexes, *orangé, vert, violet*, produites par le mélange des deux couleurs génératrices qu'ils séparent.

3° De six rayons tertiaires formés, comme les rayons secondaires, des couleurs qu'ils séparent également, et dont ils prennent les noms : *rouge-orangé, orangé-jaune, jaune-vert, vert-bleu, bleu-violet, violet-rouge.*

Chacun de ces rayons est partagé en vingt-quatre parties ou *zones*, également espacées, dont les surfaces croissent à partir du centre jusqu'à la circonférence, seulement pour en rendre l'aspect plus agréable à l'œil. L'une de ces surfaces, prise sur chaque rayon, représente, à l'état de pureté, la couleur à laquelle il se rapporte, et que nous nommons *couleur normale*.

A cette couleur normale on a ajouté des quantités croissantes de *blanc pur*, et formé ainsi une *dégradation* de la couleur jusqu'à la lumière, ou au blanc, qui limite le cercle; ensuite, on lui a ajouté des quantités croissantes de noir pur, et formé une *gradation* jusqu'au noir. Chaque couleur, ainsi gradée et dégradée, constitue une *gamme franche*; et les diverses surfaces colorées qui la composent se nomment *tons francs*, dont le plus bas, ou *le blanc*, est représenté par 1, et le plus élevé, ou *le noir*, par 10.

En mélangeant en proportions différentes du *blanc pur* avec du *noir pur*, on a obtenu la gamme des *gris*, composée de huit tons, y compris le *noir* et le *blanc*, dont le ton le plus rapproché du noir occupe le centre du cercle.

Enfin, à chacun des *tons francs* ainsi formés, on a ajouté des quantités de gris ou de noir, croissantes depuis le ton le plus clair jusqu'au ton le plus foncé, et obtenu douze nouvelles *gammes*, dites *rabattues, rompues, grises* ou *ternes*, ayant pour limites le noir et le blanc; ce qui revient à dire qu'on a ajouté à chaque ton *un gris de même intensité.*

En partant du rouge, nous désignerons ainsi les gammes :

Rouge, . et par abréviation	R.
Rouge-Orangé —	R O.
Orangé· —	O.
Orangé-Jaune —	O J.
Jaune —	J.
Jaune-Vert —	J V.
Vert —	V.
Vert-Bleu —	V B.
Bleu —	B.
Bleu-Violet —	B U.
Violet —	U.
Violet-Rouge —	U R.
Noir —	N.
Gris —	G.
Blanc —	C.

Une ligne placée sur chacune des lettres abréviatives désignera les gammes rabattues, qui s'énonceront toujours dans le même ordre que les gammes franches :

Rouge rabattu. . . . . $\overline{\text{R}}$.
Rouge-orangé. . . . . $\overline{\text{R O}}$.
Etc. . . . .
. . . .

On aurait pu augmenter le nombre des gammes en intercalant, entre celles qui viennent d'être désignées, *le double, le quadruple* et plus ; mais nous avons reconnu, par les expériences multipliées auxquelles nous nous sommes livré, que ce nombre, au lieu de fournir plus de matériaux, devenait au contraire une superfétation inutile, et même embarrassante pour le coloriste et pour toutes les personnes susceptibles d'employer des matières colorées.

Nous nous sommes donc arrêté à composer deux cents tons ou teintes, qui sont l'imitation des couleurs des *teinturiers* et des *fils teints* employés dans les manufactures de tapisseries, tapis, etc. Le coloriste et les compositeurs de dessins de fabrique pourront employer ces couleurs avec la certitude et la conviction que leurs dessins seront reproduits fidèlement par la fabrication; et les fabricants, ayant ainsi une idée juste et vraie des résultats du modèle fabriqué, s'éviteront, dorénavant, de hasarder ou de tâtonner une fabrication coûteuse qui ne donne pas toujours un résultat agréable.

Cette Table chromatique représente en outre :

1° *Aux teinturiers, aux fabricants et aux artistes, les modifications résultant du mélange des couleurs, dont la connaissance leur est indispensable pour perfectionner leur industrie;*

2° *Elle donne le moyen de connaître, même sans qu'il soit besoin de les colorier, les complémentaires de toutes les couleurs franches, puisque les noms écrits aux extrémités d'un même diamètre se rapportent aux couleurs complémentaires l'une de l'autre;*

3° *Elle fait voir à tous les artistes qui emploient des matières colorées d'une étendue sensible, pour parler aux yeux comme le font particulièrement les tapisseries des Gobelins, le rapport de numéro qui doit exister entre les tons des diverses gammes qu'ils travaillent ensemble.*

Nous avouerons cependant, pour prévenir toute erreur ou toute critique, que notre but, dans la construction de cette table chromatique, tendait moins à donner des couleurs pures comme les physiciens les entendent, qu'à imiter *des types de couleurs supposées pures* en employant des matières colorées qui ne le sont jamais ou presque jamais. Nous avons cherché principalement à produire des *tons normaux* qui fussent à la vue aussi purs que possible, et à former des gammes *franches et rabattues, équidistantes,* et formées chacune de tons équidistants qui, portant le même numéro, fussent à la vue à la même hauteur.

LOI DU CONTRASTE SIMULTANÉ DES COULEURS.

Dans la composition d'un modèle de tapisserie, tapis, châle, les couleurs ne sont pas *nuancées* ni *fondues* les unes dans les autres, ni *modifiées par des rayons colorés provenant des objets voisins;* l'exécution se réduit au choix des couleurs contiguës et à l'observation des linéaments bien tracés qui les circonscrivent; mais ce choix est encore soumis à des règles et à des principes que M. Chevreul nomme *loi du contraste simultané des couleurs,* et dont la découverte a été amenée par les observations faites sur la vision des objets colorés par ce savant chimiste, pendant plusieurs années.

Cette loi, une fois démontrée (pour employer le langage de son auteur), *devient un moyen a priori d'assortir les objets colorés pour en tirer le meilleur parti possible, suivant le goût de la personne qui les assemble, d'apprécier si des yeux sont bien organisés pour voir et juger les couleurs, si des peintres ont copié exactement des objets de couleurs connues.*

Nous allons donc essayer de rappeler ces règles fondamentales, ainsi que les divers arrangements que ce savant donne comme *l'expression de son goût particulier,* et que nous regardons comme des matériaux nécessaires et indispensables aux dessinateurs et aux fabricants de tapisseries et tapis, etc.

Première Règle.

Deux couleurs juxtaposées tendent à paraître le plus différentes possible quant à la hauteur de ton et à la couleur.

Si les deux couleurs juxtaposées contiennent un élément commun, l'élément commun tend à disparaître. (*Fig.* 1, 5, 6, 7.)

Ainsi, si l'on juxtapose deux tons d'une même gamme (*fig.* 16) ou de couleur différente (*fig.* 17), et d'intensité différente, le ton foncé paraîtra plus foncé, et le ton clair paraîtra plus clair.

Deuxième Règle.

Chaque couleur tend à colorer de son complémentaire (1) les couleurs qui l'avoisinent.

Couleurs d'intensités égales autant que possible, mises en expérience, conformément à ces règles.

Modifications.

Part.	Fig.	N°		
2	1	1	Rouge et orangé.	Tire sur le violet, moins jaune, plus foncé. — — le jaune, plus clair.
Id.	Id.	2	Rouge et jaune.	— — le violet, ou est moins jaune, plus foncé. — — le vert, moins rouge, plus clair.
Id.	Id.	3	Rouge et vert.	— — couleurs complémentaires paraissant plus brillantes.
Id.	Id.	4	Rouge et bleu.	Tire sur le jaune. — — le vert.
Id.	Id.	5	Rouge et violet.	— — le jaune. — — l'indigo (ou bleu verdâtre).
Id.	Id.	6	Orangé et jaune.	— — le rouge. — — le vert brillant ou est moins rouge.
Id.	Id.	7	Orangé et vert.	— — le rouge, moins jaune, plus brillant ou moins brun. — — le bleu, moins jaune.
Id.	Id.	8	Orangé et bleu.	Complémentaires plus brillantes.

(1) Les physiciens entendent par couleurs complémentaires, celles qui, *mélangées* dans une certaine proportion, reproduisent la lumière blanche.

Ainsi, ils disent :

Que le rouge est complémentaire du vert, *et vice versâ*;

Que l'orangé est complémentaire du bleu, *et vice versâ*;

Que le jaune est complémentaire du violet, *et vice versâ*.

Mais, d'après le langage des peintres et des teinturiers, le mélange de ces couleurs donne au contraire *du gris* ou *du noir*; et c'est dans cette dernière acception que nous entendons désigner *deux couleurs complémentaires*.

Part	Fig.	N°		
1	1	9	Orangé et violet.	Tire sur le jaune, ou est moins brun (1). — — l'indigo ou (bleu verdâtre).
Id.	Id.	10	Jaune et vert.	— — l'orangé, brillant. — — le bleu, plus foncé.
Id.	Id.	11	Jaune et bleu.	— — l'orangé. — — l'indigo.
Id	Id	12	Jaune et violet.	Complémentaires plus brillantes.
Id.	Id.	13	Vert et bleu.	Tire sur le jaune. — — l'indigo.
Id.	Id.	14	Vert et violet.	— — le jaune. — — le rouge, plus brillant.
Id.	Id.	15	Bleu et violet.	— — le vert, moins foncé. — — le rouge plus brillant.
Id.	Id.	18	Noir et blanc.	Paraissent plus différents que s'ils étaient vus isolément.
Id.	Id.	19	Rouge et blanc.	Paraît plus brillant, plus foncé. — — vert.
Id.	Id.	20	Orangé et blanc.	— — brillant, plus foncé. — — orangé.
Id.	Id.	21	Jaune et blanc.	— — brillant, plus foncé. — — violet.
Id.	Id.	22	Vert et blanc.	— — brillant, plus foncé. — — rouge.
Id.	Id.	23	Bleu et blanc.	— — brillant. — — orangé.
Id.	Id.	24	Violet et blanc.	— — brillant, plus foncé — — jaune.

(1) Pour comprendre qu'une couleur, en tirant sur une autre, devient plus *foncée*, ou moins *brune*, il est bon de rappeler que M. Chevreul classe les couleurs en deux groupes, suivant les différences qu'elles présentent quand on les considère sous le point de vue brillant.

Le premier groupe comprend les *Couleurs lumineuses :* rouge, orangé, jaune et vert;

Le deuxième groupe comprend les *Couleurs sombres :* le bleu, le violet, qui, à hauteur égale de ton, n'ont pas l'éclat des premières. Toutefois, il faut observer que les tons foncés et rabattus des gammes lumineuses peuvent, dans beaucoup de cas, être assimilés aux couleurs *sombres*; de même que les tons clairs du bleu et du violet peuvent quelquefois être employés dans des assortiments de couleurs lumineuses.

Part.	Fig.	N°.			
2	1	25	Rouge et gris.	Paraît plus pur, moins orangé peut-être.	— — verdâtre.
Id.	Id.	26	Orangé et gris.	— plus pur, plus brillant, plus jaune peut-être.	— — bleu.
Id.	Id.	27	Jaune et gris.	— plus brillant, moins verdâtre.	— tirer sur le violâtre.
Id.	Id.	28	Vert et gris.	— plus brillant, plus jaune peut-être.	— tirer sur le rougeâtre.
Id.	Id.	29	Bleu et gris.	— plus brillant, plus verdâtre.	— tirer sur l'orangé.
Id.	Id.	30	Violet et gris.	— plus franc, moins terne.	— tirer sur le jaune.
Id.	Id.	31	Rouge et noir.	— plus clair ou moins brun, moins orangé.	— moins rouge.
Id.	Id.	32	Orangé et noir.	— plus brillant et plus jaune, ou moins brun.	— moins roux ou plus bleu.
Id.	Id.	33	Jaune tirant sur le vert et noir.	Est plus clair, plus verdâtre peut-être (1).	— plus violâtre.
Id.	Id.	34	Vert et noir.	Tire faiblement sur le jaune.	Paraît plus violâtre ou rougeâtre.
Id.	Id.	35	Bleu et noir.	Paraît plus clair, plus vert peut-être.	S'éclaircit.
Id.	Id.	36	Violet et noir.	Est plus brillant, plus clair, plus rouge peut-être.	S'éclaircit.

Première Proposition.

Fig. 3, 8, 12. — « *L'arrangement complémentaire est supérieur à tout autre dans l'harmonie de contraste.* »

Fig. 37. — « *Les tons doivent être, autant que possible, à la même hauteur pour produire le plus bel effet.* »

---

(1) Il est des échantillons de jaune qui paraissent appauvris par leur juxtaposition avec le noir.

Fig. 47. — « L'arrangement complémentaire auquel le blanc s'associe le plus avantageusement, est celui du bleu et de l'orangé (A) ; et l'arrangement auquel il s'associe le moins heureusement est celui du jaune et du violet (B). »

Deuxième Proposition.

« *Le rouge, le jaune et le bleu, c'est-à-dire les couleurs simples des artistes, associées deux à deux, vont mieux ensemble comme harmonie de contraste, qu'un arrangement formé d'une de ces mêmes couleurs et d'une des couleurs binaires des artistes, dont la première peut être considérée comme un des éléments de la couleur binaire qui lui est juxtaposée.* »

Exemples :

2ᵉ Partie. *Fig.* 38. Rouge et jaune vont mieux que rouge et orangé.
— 39. Rouge et bleu .... rouge et violet.
— 40. Jaune et rouge .... jaune et orangé.
— 41. Jaune et bleu .... jaune et vert.
— 42. Bleu et rouge .... bleu et violet.
— 43. Bleu et jaune .... bleu et vert.

Troisième Proposition.

« *Les arrangements du rouge, du jaune ou du bleu, avec une des couleurs binaires des artistes, que l'on peut considérer comme contenant la première, sont d'autant meilleurs comme contraste, que la couleur simple est essentiellement plus lumineuse que la couleur binaire.* »

« D'où il suit que dans cet arrangement il est avantageux que le ton du rouge, du jaune ou du bleu, soit au-dessous du ton de la couleur binaire. »

Exemples :

2ᵉ Partie. *Fig.* 44. Rouge et violet vont mieux que bleu et violet.
— 45. Jaune et orangé .... rouge et orangé.
— 46. Jaune et vert .... bleu et vert.

Quatrième Proposition.

Fig. 48. — « Lorsque deux couleurs vont mal, il y a toujours avantage à les sé-parer par du blanc. »

« Dans ce cas, on conçoit qu'il y a plus d'avantage à placer chaque couleur entre le blanc, que dans l'arrangement où les deux couleurs sont ensemble entre du blanc. »

Cinquième Proposition.

« *Le noir ne produit jamais un mauvais effet lorsqu'il est associé à deux couleurs lumineuses ; souvent même, alors, il est préférable au blanc, surtout dans l'arrangement où il sépare les couleurs l'une de l'autre.* »

Exemples :

2ᵉ Partie. *Fig. 49. Rouge et orangé.*

« Le noir est préférable au blanc dans les arrangements, fig. 50 et 51, de ces couleurs.»

2ᵉ Partie. *Fig. 50. Rouge et jaune.*
— *51. Orangé et jaune.*
— *52. Orangé et vert.*
— *53. Jaune et vert.*

« Le noir, avec tous ces arrangements binaires, produit des harmonies de contraste. »

Sixième Proposition.

« *Le noir, en s'associant aux couleurs sombres, telles que le bleu et le violet, et aux tons rabattus des couleurs lumineuses, fig. 54 bis, produit des harmonies d'analogues qui peuvent être d'un bon effet dans plusieurs cas.* »

2ᵉ Partie. *Fig. 54.* — « L'harmonie d'analogue du noir, associé au bleu et au violet, est préférable à l'harmonie de contraste de l'arrangement blanc, bleu, violet, blanc, etc. ; celle-ci étant trop crue. »

Septième Proposition.

« Le noir ne s'associe point aussi heureusement à deux couleurs dont l'une est lumineuse et l'autre sombre, qu'il s'associe à deux couleurs lumineuses. »

« Dans le premier cas, l'association est d'autant moins agréable, que la couleur lumineuse est plus brillante. »

Exemples :

« Avec tous les arrangements suivants, le noir est inférieur au blanc. »

2º Partie. *Fig.* 55. *Rouge et bleu.*
—   56. *Rouge et violet.*
—   57. *Orange et bleu.*
—   58. *Orangé et violet.*
—   59. *Jaune et bleu.*
—   60. *Vert et bleu.*
—   61. *Vert et violet.*

Fig. 62. — « Enfin, avec l'arrangement *jaune et violet*, s'il n'est pas inférieur au blanc, il ne produit du moins, en s'y associant, qu'un effet médiocre. »

Huitième Proposition.

« Si le gris ne produit jamais précisément un mauvais effet en s'associant à deux couleurs lumineuses, dans la plupart des cas, cependant, ses assortiments sont fades, et il est inférieur au noir et au blanc. »

Fig. 63. — « Parmi les arrangements de deux couleurs lumineuses, il n'y a guère que celui du rouge et de l'orangé auquel le gris s'associe plus heureusement que le blanc. »

Fig. 64 — « Mais il lui est inférieur, ainsi qu'au noir, dans les arrangements *rouge et vert, rouge et jaune, orangé et jaune, orangé et vert, jaune et vert.* »

Fig. 65. — « Il est encore inférieur au blanc avec *le jaune et le bleu.* »

Neuvième Proposition.

Fig. 66. — « Le gris, en s'associant aux couleurs sombres, telles que le bleu et le violet, et aux tons rabattus des couleurs lumineuses 66 bis, produit des harmonies d'analogues qui n'ont pas la vigueur de celles du noir ; si les couleurs ne vont pas bien ensemble, il a l'avantage de les séparer l'une de l'autre. »

Dixième Proposition.

— « Lorsque le gris s'associe à deux couleurs dont l'une est [lumineuse] et l'autre sombre, il peut être plus avantageux que le blanc, si celui-ci produit un contraste de ton trop fort ; et, d'un autre côté, il peut être plus avantageux que le noir, si celui-ci a l'inconvénient de trop augmenter la proportion des couleurs sombres. »

Exemples :

« Le gris s'associe plus heureusement que le noir avec,

> *Fig. 67,* — *Orangé et violet.*
> 68, — *Vert et bleu.*
> 69, — *Vert et violet.* »

Onzième Proposition.

Fig. 70 à 74. — « Si, en principe, lorsque deux couleurs vont mal ensemble, il y a avantage à les séparer par du blanc, du noir ou du gris, il est important, pour l'effet, de prendre en considération : 1° la hauteur du ton des couleurs, et, 2°, la proportion des couleurs sombres aux couleurs lumineuses, en comprenant dans les premières les tons bruns rabattus des gammes brillantes, et dans les couleurs lumineuses, les tons clairs des gammes bleue et violette. »

PRISE EN CONSIDÉRATION DE LA HAUTEUR DU TON DES COULEURS.

Exemples :

Fig. 70. — « L'effet du blanc est d'autant moins bon avec le rouge et l'orangé, que le ton de ces couleurs est plus élevé, surtout dans l'arrangement *blanc, rouge, orangé, blanc*, etc., l'effet du blanc étant trop cru (A). »

Fig. 71. — « Au contraire, le noir s'allie très-bien avec les tons normaux des mêmes couleurs, c'est-à-dire les tons les plus élevés sans mélange de noir. »

Fig. 72. — « Enfin, si le gris s'associe moins bien que le noir au rouge et à l'orangé, il a l'avantage de produire un effet moins cru que celui du blanc. »

PRISE EN CONSIDÉRATION DE LA PROPORTION DES COULEURS SOMBRES AUX COULEURS LUMINEUSES.

« Toutes les fois que les couleurs diffèrent trop, soit par le ton (B), soit par l'éclat du noir ou du blanc (C) qu'on veut y associer, l'arrangement où chacune des deux couleurs est séparée de l'autre par le noir ou par le blanc, est préférable à celui dans lequel le noir ou le blanc sépare chaque couple de couleurs. »

Fig. 73. — « Ainsi, l'arrangement blanc, bleu, blanc, violet, blanc, etc., est préférable à l'arrangement blanc, bleu, violet, blanc, etc., parce que la répartition du brillant et du sombre est plus égale dans le premier que dans le second ; j'ajouterai que celui-ci a quelque chose de plus symétrique relativement à la position des deux couleurs ; et je ferai remarquer que le principe de la symétrie a de l'influence sur le jugement que nous portons de beaucoup de choses, dans des cas où généralement on ne le reconnaît pas. »

Fig. 74. — « C'est encore conformément à cela, que l'arrangement noir, rouge, noir, orangé, noir, etc., est préférable à l'arrangement noir, rouge, orangé, etc. »

Ces arrangements nous paraissent suffisants pour éclairer les peintres et les fabricants de tapisseries sur les diverses sensations que leur vue éprouve dans le travail des couleurs, et sur les avantages qu'ils pourraient retirer d'une étude plus approfondie sur la loi du contraste simultané des couleurs.

Il est aisé, d'ailleurs, de démontrer par les exemples que nous donnons (fig. 1 à 56), que les couleurs juxtaposées ou les objets matériels qui nous les représentent, n'ont point d'action mutuelle, soit physique, soit chimique, mais que le changement qu'elles éprouvent dans ce cas n'est dû, réellement, qu'à la modification qui se passe en nous lorsque nous percevons la sensation simultanée de leur principe colorant. Il suffit, pour cela, de placer sur la couleur modifiée un carton découpé qui la laisse voir exclusivement : La vue, ramenée ainsi à l'état normal, percevra facilement l'homogénéité de la couleur juxtaposée et son identité avec celle que nous avons isolée.

Rouget De Lisle.

Troisième Partie.

PROCÉDÉ

DE COMPOSITION ET DE REPRODUCTION

DES DESSINS

POUR LA BRODERIE ET LA TAPISSERIE

à l'aide

DES SIGNES CHROMATIQUES

QUI INDIQUENT LES MATIÈRES COLORÉES QUE L'ON DOIT EMPLOYER
POUR EN IMITER LES NUANCES.

Typographie de LACRAMPE et Comp., rue Damiette

PROCÉDÉ

DE COMPOSITION

DES DESSINS

POUR

LA BRODERIE ET LA TAPISSERIE

À L'AIDE

DES SIGNES CHROMATIQUES

QUI INDIQUENT LES MATIÈRES COLORÉES QUE L'ON DOIT EMPLOYER POUR EN IMITER
LES NUANCES.

On sait depuis longtemps, et l'expérience du travail l'a prouvé, que les couleurs, vues pendant le jour, ne sont plus les mêmes lorsqu'on les voit, pendant la nuit, éclairées par une lumière factice : de là résulte l'impossibilité de se livrer, à la lumière, à aucun travail qui exige l'emploi de matières colorées.

Cette incertitude dans l'emploi des couleurs, la crainte de faire un travail d'un assortiment choquant et contraire à l'effet que l'on voudrait obtenir, et la nécessité qui pourrait en résulter de défaire le lendemain ce qu'on a fait la veille, ont fait renoncer béaucoup de personnes à tout travail de tapisserie pendant les heures de veillée, et laissent ainsi dans l'inaction des mains qui ont besoin d'être occupées ou qui veulent être occupées.

Un grand nombre de dames, pour lesquelles la broderie et la tapisserie n'étaient qu'un article de goût et d'amusement, les ont même abandonnées entièrement, comme ne satisfaisant pas leurs besoins de travail du jour et de la nuit, et leur amour pour le *beau* et le *solide*. Mais cet abandon est dû, moins à l'inconvénient que présente l'emploi des couleurs, qu'à la mauvaise qualité des matières premières, et à la profusion des modèles grossiers, qui sont autant de *charges* et de *caricatures* qui éloignent les acheteurs de bon goût. Frappé de ces inconvénients, nous avons recherché les moyens de faciliter le travail de la tapisserie, et de le ramener à ses meilleures ouvrières, c'est-à-dire entre les mains des personnes de goût, que les habitudes, l'éducation, la fréquentation du monde artistique, la fortune même, poussent à l'amour du *beau*, et à l'appréciation juste et vraie de tout ce qui est *bon* et *durable*, sans s'inquiéter si le prix en est trop élevé, ou à la portée de toutes les bourses, comme le calicot d'Alsace ou le vin de Surène. Nous devons avouer que les leçons publiques sur le contraste simultané des couleurs, faites aux Gobelins par M. Chevreul, membre de l'Institut, directeur des teintures des manufactures royales, dans le courant de janvier 1836, nous avaient convaincu d'avance de la possibilité d'atteindre notre but. Nous avons donc étudié, travaillé, travaillé beaucoup; et si nous avons obtenu quelques bons résultats par des moyens entièrement neufs, et tout-à-fait inconnus, nous n'en devons pas moins la première idée à M. Chevreul, dont nous nous honorons d'avoir été l'élève, et d'avoir, le premier, appliqué les leçons.

L'alphabet chromatique, que nous appelons ainsi parce qu'à l'aide des signes qui le composent on peut désigner toutes les couleurs et dénommer leur constitution, n'est pas le résultat d'une fiction ou d'un caprice, mais le fruit d'une étude mathématique; car c'est dans la géométrie que nous en avons pris les éléments et les principes, qui sont toujours vrais et sûrs dans l'application.

Les lignes	verticale ou perpendiculaire,	horizontale,	oblique ou diagonale
	|	—	╱ ou ╲ ,
indiquent les couleurs primitives franches,	*rouge,*	*jaune,*	*bleu.*

Les figures rectilignes formées par la rencontre de ces lignes prises deux à deux et en parties égales $\llcorner$, $\searrow$ ou $\diagup$, $\diagup$ ou $\diagdown$, désignent les couleurs franches composées, *orangé*, *vert*, *violet*.

Les couleurs modifiées par l'addition d'une autre sont représentées par les *figures complexes*, formées par la réunion des *lignes et figures* qui en rappellent les parties élémentaires. Ainsi ,

le rouge-orangé est représenté par $\llcorner$;

l'orangé-jaune. . . . . $\llcorner$;

le jaune-vert. . . . . $\searrow$;

le vert-bleu . . . . $\diagup$;

le bleu-violet. . . . . $\diagdown$;

le violet-rouge. . . . . $\diagdown$.

Un chiffre, placé au besoin à la gauche de la figure, détermine le *numéro de la gamme* ou la hauteur de la couleur dominante qui entre dans sa composition, et qui doit toujours être écrite la première, conformément à l'ordre de superposition indiqué par la table chromatique. Ainsi la figure 1$\llcorner$ désigne la première gamme rouge-orangé, ou première nuance de la couleur rouge, modifiée par une petite quantité de la couleur orangé.

La figure 2$\llcorner$ représente la deuxième gamme rouge-orangé, ou deuxième nuance de la couleur rouge, modifiée par l'addition d'une plus grande quantité de la couleur orangé.

Un deuxième chiffre (1), mis à la droite de la figure, indique la hauteur du *ton* de la gamme.

Exemple : $\llcorner^2$, première gamme orangé-jaune, ton n° 2.

---

(1) Ces chiffres peuvent être écrits selon la facilité ou la volonté du compositeur :

1 par un point ou. I

2 par deux points ou. II

3 par trois points ou un signe de. Z

4 par le premier jambage du 4. . L

5 par le chiffre romain. V

6 par une ligne pointée. . . . . $\natural$

7 ———— oblique. . . . . . $\diagup$

8 par deux points liés. . . . . . $\S$

9 par ce signe. . . : . . . . $\P$

Les couleurs rabattues s'écrivent par les figures *renversées ou rompues*, qui désignent les gammes franches correspondantes.

Le rouge	rabattu, par	╎ ;
Le rouge-orangé.	—	Γ ;
L'orangé.	—	⌐ ;
L'orangé-jaune. .	—	⌐˙ ;
Le jaune. . . .	—	— ;
Le jaune-vert. .	—	⌐/ ;
Le vert.	—	⌐/ ou ⌐ ;
Le vert–bleu. . .	—	⌐/ ;
Le bleu.	—	⌐/ ;
Le violet.	—	/⌐ ou ⌐ ;
Le bleu-violet. .	—	/⌐ ;
Le violet-rouge .	—	/⌐ ;
Le gris, par un demi-cercle		∪ ;
Le noir pur, par un point.		• ;
Le blanc, par.		⊂ .

Ces signes, placés dans les carreaux du papier *de composition* (5e partie, figure 1, A, nos 8-16, 10-20, 12-24, 14-28, 16-52, 18-56, etc.), indiquent aux coloristes les teintes qu'ils doivent employer, et aux brodeuses, les fils colorés nécessaires à l'imitation du modèle.

Ils donnent au *compositeur-traducteur d'un dessin de tapisserie* les moyens d'écrire sur un dessin tracé seulement *au trait*, et sans qu'il soit nécessaire de les colorier, les gammes, et les tons que l'on doit placer les uns à côté des autres, et d'arrêter l'effet que l'on doit produire, les parties qu'il faut éclairer et celles qu'il faut mettre dans l'ombre.

Nous croyons donc pouvoir affirmer que l'emploi de l'alphabet chromatique lève toutes les difficultés qu'offrait le travail des couleurs, en les représentant par un signe constant et fixe. Le dessinateur en broderie et le compositeur de dessins de fabrique pourront, du moins, l'employer avec un grand avantage pour la reproduction de leur œuvre ; car il leur fournit les moyens d'opérer plus promptement et plus sûrement, et de rejeter l'emploi des couleurs délayées à la gomme, dont la préparation exige un temps fort long et ne donne pas toujours les teintes désirées et identiques. D'ailleurs, la *table chromatique*, formée de couleurs préparées sous nos yeux et sous notre direction, et la loi du contraste simultané des couleurs de M. Chevreul, dont la connaissance devient indispensable à quiconque veut employer les matières colorées, leur indiquent, d'avance, l'emploi de certains mélanges pour bien faire, et le moyen d'obtenir l'effet qu'ils désirent. Il sera d'autant plus facile de reproduire fidèlement leurs travaux par la broderie, que les fils colorés, nécessaires à leur imitation, sont *marqués* conformément aux couleurs de la table chromatique et d'après les mêmes principes qui les ont guidés dans la composition de leurs dessins; il sera, en outre, facile de les faire exécuter par plusieurs personnes isolées, qui devront les reproduire d'une manière identique, en employant forcément des matériaux semblables qui leur seront remis ou indiqués : résultat important que l'on n'a pu obtenir jusqu'à ce jour des diverses ouvrières isolées, sans direction, manquant des moyens de bien faire, et qui, toutes, emploient des matières colorées différentes, et le plus souvent d'une qualité très-inférieure.

On pourra avoir, au besoin, sous les yeux, un modèle colorié ou l'objet naturel que l'on voudra broder, afin d'en imiter les nuances. Ce modèle sera exécuté à teintes plates (5e partie, fig. 2), sur un papier ordinaire, ou sur le tissu même, d'après nature, et avec les dimensions réelles qu'il doit avoir dans l'exécution.

Il sera, en outre, tracé et colorié sur un papier dit *de composition* (5e part., B, fig. 1), divisé, comme le canevas, en carreaux formés par quatre lignes parallèles, et d'inégale grosseur, qui se coupent en parties égales et à angles droits, et dont le nombre indique la quantité de petits points que l'on peut exécuter, et que nous représentons par la fig. 6.

Les carreaux, formés par quatre lignes vigoureuses, et d'égale grosseur, dirigeront l'ouvrage au gros point (fig. 7), et même le dessinateur-traducteur, lorsqu'il reproduira un dessin colorié.

Les dessins, ainsi composés, pourront être reproduits, comme nous l'avons déjà dit, sur le canevas et le papier par un procédé nouveau, prompt et économique, qui permet de les livrer à meilleur marché.

1° Ils pourront être exécutés seulement au *trait et à l'encre* (fig. 3);

2° *Hachés*, c'est-à-dire les ombres et les clairs indiqués par des lignes sensibles, brisées ou ponctuées (fig. 4);

5° Les ombres pourront être lavées par quelque liqueur colorée (fig. 5),

4° Ou complètement coloriées (fig. 1. B.').

Cependant, les dames qui n'ont pas l'habitude de travailler d'après les dessins tracés à l'avance sur le canevas, pourront se contenter du modèle, et l'imiter en comptant, pour l'exécution de la tapisserie au petit point, les carreaux qui le partagent et qui répondent à ceux du canevas; et pour celle au gros point, elles compteront les carreaux formés par quatre lignes fortes. Elles pourront également exécuter les mêmes modèles par le point dit des Gobelins; mais en comptant, pour un seul point, deux petits carreaux pris sur la hauteur (fig. 8); les couleurs ou les signes chromatiques qu'ils renferment et qu'ils circonscrivent, leur indiqueront les fils colorés qu'elles devront employer. Le dessin, d'ailleurs, donnera toujours l'aspect vrai de son exécution, et laissera, néanmoins, à la brodeuse la faculté d'y changer ou d'y modifier ce qui ne lui paraîtrait pas convenable.

La brodeuse pourra toujours ajouter, dans le travail, son sentiment d'artiste que nous n'avons aucunement la prétention de donner : notre but n'étant que de faciliter le travail et de faire connaître les ressources qu'offre la tapisserie, comme objet d'art ou d'amusement, d'éveiller le sentiment du beau, et de fournir les matériaux pour l'atteindre.

Elle pourra encore composer elle-même un dessin sur le canevas, par les points mêmes de la tapisserie, lesquels, diversement combinés, arrangés et assortis convenablement de couleur, représenteront toujours une figure. Ce genre de travail et de composition, mis en vogue par les Berlinois, et qui présente à l'œil des couleurs plus fortes que celles obtenues par le travail du gros et du petit point (fig. 10 à 15), sera reproduit facilement par les mêmes moyens que nous avons indiqués.

Quoi qu'il en soit, nous considérons le modèle colorié ou *chromagraphié* comme nécessaire, comme indispensable à la brodeuse, afin qu'elle en imite les nuances; et nous le lui indiquons même comme le moyen le plus sûr et le seul capable de conduire l'exécution de son travail à un bel effet de dessin et de couleur, surtout si elle veut rendre convenablement l'ensemble d'un sujet de grande dimension.

Les modèles ont une si grande influence sur la tapisserie de points que nous nous sommes cru obligé de les faire exécuter, pour nos propres besoins, par des artistes, d'après un système mixte de peinture à teintes plates (fig. 1 B et 2), qui reproduit, d'ailleurs, d'une manière vraie et fidèle la couleur des fils que la brodeuse emploie et la structure de la tapisserie confectionnée. Désormais, les personnes qui se livrent à cette sorte d'ouvrages pourront se rendre un compte exact de l'objet principal ; elles verront l'effet de la peinture qu'elles doivent produire, et parviendront ainsi à raisonner ce qu'elles auront à faire pour perfectionner la partie spéciale de l'imitation.

L'emploi de nos écrans-conservateurs, formés de deux rouleaux parallèles, de la grosseur chacun de deux pouces, et d'un pouce d'écartement, que l'on fixe sur les vis du métier (fig. 9), permet, en outre, de rouler et dérouler le modèle selon les besoins du travail, et d'en conserver ainsi toute la fraîcheur, en le garantissant des frottements et des avaries que le mouvement des bras, dans le travail, pourrait occasionner.

Les écrans-conservateurs réunissent le double avantage d'éviter à la brodeuse l'embarras de tenir le modèle et de lui faciliter le compte ou la lecture des points.

TEINTURES, FIXAGE ET APPRÊT INDESTRUCTIBLE DES LAINES ÉCRUES TEINTES ANGLAISES ET D'ALLEMAGNE, PROPRES A LA TAPISSERIE.

En général, les laines filées et teintes que l'on emploie pour les tapisseries du commerce sont d'une qualité inférieure et de couleur peu solide. Leur nature, extrêmement variable, empêche souvent la reproduction et la continuation des dessins d'une manière uniforme et semblable au modèle, par l'impossibilité où l'on est de pouvoir obtenir les mêmes laines et les mêmes couleurs lorsqu'elles sont épuisées.

La grosseur même des *brins* n'est pas toujours suffisante pour couvrir les carreaux du canevas. Nous sommes parvenu à détruire toutes ces difficultés et le retour de ces inconvénients, en nous attachant à l'emploi des laines longues anglaises de qualité supérieure, filées floches de vingt à vingt-six mille mètres au kilogramme, et réunies en trois, six ou neuf *brins ou fils,* et à celle dite mérinos *de France ou d'Allemagne,* filée de vingt-six à quarante mille mètres au kilogramme, et réunie en cinq et dix brins.

Nous avons confectionné des canevas formés de huit, dix, douze, quatorze, seize, dix-huit, vingt, vingt-quatre, vingt-huit, trente-deux, trente-six, quarante-huit carreaux au pouce (fig. 1), pris pour unité de mesure linéaire, qui sont susceptibles d'être recouverts entièrement et uniformément par nos laines. Dans tout état de choses, nous nous engageons à fournir toutes les laines nécessaires pour l'entière et bonne confection de la tapisserie, et à la faire recommencer à nos frais, si le travail n'a pas produit l'effet désiré et que nous avions indiqué. Nous sommes parvenu, en outre, par un apprêt indestructible, approprié à la nature des couleurs, à donner aux laines et à la tapisserie une apparence plus agréable à l'œil, et qui ajoute à la beauté du travail; et nous pourrons même rendre aux couleurs l'éclat et la vivacité

2

que les accidents ou la malpropreté leur auraient fait perdre, et détruire ce *duvet ou jarre*, qui rend la surface du fil moussue et désagréable à la vue et au toucher.

Nous osons affirmer que la brodeuse obtiendra, par l'emploi de nos produits, une tapisserie plus solide et moins coûteuse, et qui produira plus d'effet, lorsqu'elle connaîtra la valeur de nos couleurs, et qu'elle se sera pénétrée de nos moyens d'exécution.

Les résultats de composition que nous avons obtenus, la faveur avec laquelle les consommateurs les ont accueillis, et les éloges que nous ont adressés des personnes habituées par leur industrie à juger des couleurs et du travail, peuvent attester, du moins, que nos efforts n'ont pas été stériles et improductifs.

Mais sollicité par tous de communiquer aux autres le fruit de nos travaux; poussé par cette pensée que nous pouvions leur être utile et agréable, nous nous sommes hasardé à indiquer, par des figures rectilignes, la structure physique et le travail manuel des points de tapisserie et de broderie, et à fournir ainsi les moyens de les bien faire, et d'une manière complète, prompte et économique.

Ainsi, nous avons réuni tous les genres de points (1), figures 10 à 15, en les classant, nᵒˢ 1 à 4, selon la facilité et l'économie des matières premières que présente leur exécution.

Les figures
numérotées

1 et 2 — désignent les points d'une exécution prompte et facile.
3 et 4 — plus difficiles, peut-être, et moins prompts.
— A, qui exigent moins de laine.
— B, qui emploient plus de laine et tendent à resserrer les carreaux du canevas et à écarter les points.
— C, points de broderie plus prompts, plus faciles et plus économiques que leurs similaires A et B, et qui conservent la régularité du canevas.

(1) Les points dont nous indiquons la direction et la marche par une ligne perpendiculaire, peuvent être exécutés en suivant une ligne horizontale, de haut en bas ou de bas en haut indistinctement, d'après les indications fournies par les figures 10 à 15; et l'aspect de la tapisserie n'éprouvera aucun changement appréciable à la vue, si le canevas sur lequel on travaille a été tendu également et uniformément sur ses quatre côtés.

—   D représente la structure physique des points et l'aspect vrai de la tapisserie confectionnée.

Un même chiffre romain, a b, etc., désignent les points qui, conduits d'une manière différente, présentent, néanmoins, la même image et la même combinaison.

, *Les lignes ponctuées verticales* ⋮ *ou obliques* ⋅⋅⋅, ou ⋅⋅⋅⋅, déterminent la position du brin de laine, vu à l'envers de la tapisserie.

——— *brisées horizontales* - - - - indiquent les points longs de broderie, que l'on nomme ordinairement points de fantaisie ou de Berlin, exécutés de la manière la plus prompte et la plus économique possible.

——— pleines qui forment comme une espèce de flèche, représentent la direction et la marche des brins de laine et le travail des points, vu à l'endroit de l'étoffe.

Les deux ailerons ou rangs de plumes indiquent la prise du point ou le nœud.

Le dard,   —————————————   le passage de l'aiguille ou la reprise d'un nouveau point.

Nous n'avons point compris dans cette classification technologique les figures qui rappellent la marche de certains points que l'on ne pourrait employer dans l'art de la tapisserie; cependant, pour en prévenir l'application, nous citerons les genres de points ainsi que les inconvénients qu'ils présenteraient dans l'exécution :

1° Le petit point (*fig.* 10) pris en biais ,

N° 1	de gauche à droite et de haut en bas; *et vicé versâ*,	
— 2	*Id.*	de bas en haut ,	*Id.*,
— 3	*Id.*	*Id.*	*Id.*,
— 4	*Id.*	de haut en bas,	*Id.*,

ne couvre pas les fils de la chaîne et les carreaux du canevas.

2° Le point *oblique*, pris horizontalement sur un fil de la trame, et le point *diagonal* double, pris sur deux fils de la trame (*fig.* 11 *et* 12 , *n*os 1 *à* 4), serrent sur une même ligne droite les délinéations des couleurs, tassent les brins de laine, et rendent, en outre, la reprise du point trop difficile, et la tapisserie confectionnée d'un aspect désagréable à l'œil.

3° Les points, *oblique, diagonal* simple ou double , et *diagonal* composé, pris en biais,

N° 1	de gauche à droite et de haut en bas; *et vicé versâ*,	
— 2	*Id.*	de bas en haut ,	*Id.*.
— 3	*Id.*	*Id.*	*Id.*,
— 4	*Id.*	de haut en bas ,	*Id.*,

présentent les mêmes inconvénients.

4° Les points *oblique*, *diagonal* simple ou double, et *diagonal* composé, pris en biais, suivant les directions nᵒˢ 1 à 4, *fig.* 10, ne couvrent pas les fils et les carreaux du canevas.

5° Les points *oblique*, *diagonal* simple et double, et *diagonal* composé, pris horizontalement ou en biais et en abandonnant un carreau, offrent les mêmes difficultés et les mêmes inconvénients que 2 et 3 ; néanmoins, ces points, exécutés avec *redoublement* sur un ou plusieurs carreaux, comme les points droits (*fig.* 16), couvrent suffisamment et uniformément les carreaux du canevas, et présentent en même temps un emploi prompt, facile et régulier, surtout pour le travail du *fond* ou l'exécution de la tapisserie à teintes plates, dite mosaïque.

Notre table de multiplication que nous appelons *régulatrice* de la tapisserie de points, indiquera, en outre, d'après le mode de lecture de celle de Pythagore et les règles ordinaires de l'arithmétique, la quotité des points et la quantité de laine et de canevas nécessaires à la confection d'un dessin d'une grandeur déterminée, et réciproquement.

Nous ferons observer que la tapisserie de points, exécutée en fils droits et serrés, offre des linéations uniformes et continues, dans lesquelles les couleurs ne sont pas fondues, tandis que celle exécutée sur les fils pris en biais, horizontalement ou verticalement en abandonnant un fil ou un carreau, réunit tous les avantages qui permettent d'atteindre, dans le travail, la plus grande perfection possible. Nous n'hésitons pas à recommander l'emploi fréquent de ces derniers points, si l'on veut reproduire un dessin *modelé*.

En outre, la tapisserie *dite* de points de broderie, dans laquelle on peut, au besoin, combiner deux points d'une même espèce et d'une direction différente, ou d'une espèce et d'une direction différente, mais jamais plus, devra toujours être exécutée sur un nombre uniforme et continu de carreaux que nous désignons dans nos figures par pair et impair, si l'on veut obtenir un travail régulier sur lequel l'œil repose agréablement. D'ailleurs, nos modèles coloriés reproduiront toutes les combinaisons possibles, et la direction même des points que l'on pourra suivre ou compter, comme les gros et petits points.

Rouget De Lisle.

Quatrième Partie

TAPISSERIES

A L'INSTAR DE CELLES DES GOBELINS

ET DE

BEAUVAIS.

Tapis à l'instar de ceux de Perse et de la Savonnerie.

Typographie de LACRAMPE et Comp., rue Damiette, 2.

Tapisseries

A L'INSTAR

DE CELLES DES GOBELINS ET DE BEAUVAIS.

TAPIS

A L'INSTAR DE CEUX DE PERSE

ET DE LA SAVONNERIE.

La broderie est un art fort anciennement connu, dont la Mythologie grecque attribue l'invention à Minerve, qui ne fut égalée que par Arachné.

Pergame, Tyr, Babylone, ont possédé des *tapisseries* brodées d'or et d'argent; et quelques auteurs disent même que les Égyptiens et les Orientaux ont fabriqué, depuis les temps les plus reculés, des tapis tissus de laine, de soie et de lin, que l'on cite encore comme les plus riches en ce genre.

La tapisserie, apportée en France par les Croisés, sous Louis IX, a commencé par orner les églises et les palais des rois. Quelques riches seigneurs de ce temps en ont possédé; mais leur prix élevé a toujours empêché que l'usage ne s'en répandît dans toutes les demeures.

Article de luxe et d'ameublement, les tapis, au contraire, sont devenus, en France, l'objet d'un commerce étendu et d'une industrie considérable; cependant notre consommation dans ce genre de produit, est encore bien loin d'atteindre celle des étrangers, qui la regardent comme une nécessité de la vie *confortable*. D'où provient cette différence? c'est ce que nous n'entreprendrons pas de rechercher.

Quoique la fabrication de la tapisserie pour tentures d'appartement ait été abandonnée depuis l'invention des papiers peints, qui la remplacent d'une manière plus économique pour l'embellissement de la demeure des particuliers, elle occupe, néanmoins, un grand nombre de bras. Quelques établissements de Belgique, d'Allemagne, d'Angleterre et de Russie, en fabriquent encore pour ameublement; et on a pu voir aux Expositions des produits de l'industrie française, en l'année 1834, de ces tapisseries exécutées par nos fabricants français, qui réunissaient la variété du dessin, la beauté des couleurs et l'avantage immense de n'être pas plus chères que les étoffes de soie et de laine, provenant des fabriques de Lyon et d'Amiens, etc.

Mais c'est principalement dans les manufactures royales des Gobelins et de Beauvais que le travail de la tapisserie a acquis un haut degré de perfection.

Dans ces établissements, les ouvriers sont des *artistes*; et par eux, la tapisserie est devenue un genre de tableaux, dans lequel

> La soie, la laine et les pinceaux
> Tracent de tous côtés chasses et paysages:
> En cet endroit des animaux,
> En cet autre des personnages.

Nous avons pensé à la propager en faisant connaître, d'abord, les matériaux et la marche à suivre pour exécuter le travail, et en y joignant les observations que M. *Deyrolle* père, notre collaborateur, a été à même de faire pendant plusieurs années de pratique, faites comme artiste-ouvrier et comme chef d'atelier à la manufacture royale des Gobelins.

Notre intention étant, en outre, de créer une occupation à la fois amusante et lucrative, surtout aux dames, dont les travaux sont généralement limités, et d'augmenter les ressources d'un ouvrage que nous regardons comme purement théorique et pratique, nous chercherons à enseigner de vive voix ce qu'on nous a enseigné, ce que nous avons trouvé pour changer et simplifier le travail, et en rendre l'exécution plus prompte, plus facile et plus économique; mais, nous devons le dire, le goût et le sentiment de l'harmonie sont nécessaires à l'artiste-tapissier pour bien faire, et nous ne saurions les apprendre.

Quant aux personnes qui, sans guide et sans direction, voudront se livrer isolément au travail de la tapisserie à l'instar de celle des Gobelins, le *Manuel du Tapissier*, par M. Deyrolle père, que nous publierons incessamment, leur répétera nos leçons, et les planches qui l'accompagneront serviront à les faire mieux comprendre. Cependant, malgré la précision des détails, il est certaines choses (telles que le passage et la conduite de la *duite, les hachures*, le mode de *Relacer* et de *Dessiner*) qu'il faudra qu'elles voient faire pour pouvoir les exécuter; mais il leur faudra une ou deux fois, tandis que sans le secours des leçons et du Manuel, il leur faudrait des mois, des années, et peut-être même ne pourraient-elles jamais les exécuter convenablement; l'œil et l'habitude, assurés par quelques semaines de travail, leur fourniront ensuite les moyens de les bien faire et de les utiliser, particulièrement dans le travail de la tapisserie à teintes plates.

Nous nous bornerons donc ici à faire connaître succinctement en quoi consiste le travail manuel de la tapisserie, et à donner une idée de cet art par des figures *grossies par le peintre*, qui en rappellent, néanmoins, les premiers principes d'une manière méthodique et fidèle.

L'art de la tapisserie consiste à imiter un objet avec des fils colorés nommés *brins*, d'un diamètre sensible, que l'on applique autour de fils non colorés appelés *chaîne*, tendus horizontalement sur un métier dit de *basse-lisse* (fig. 1), ou verticalement sur un métier de *haute-lisse* (fig. 2). Cette imitation s'opère, soit par le mélange des couleurs ou *brins* tellement rapprochés et divisés que l'œil en reçoit une impression unique, soit par la juxtaposition de *brins* assortis d'après la loi du contraste des couleurs, et susceptibles d'être vus simultanément, et parfaitement distincts les uns des autres. Dans le premier cas, l'imitation est faite par le système des *hachures*; et dans le second, par le système des *teintes plates*.

Les fils de la chaîne sont séparés en deux rangs appelés *croisures* à l'aide de lisses, ou espèces d'anneaux de ficelle montés sur deux bâtons, qui les ramènent alternativement l'une au-dessus de l'autre (fig. 8, A B et C D), et laissent ainsi un espace libre entre eux, qui permet à l'artiste de passer facilement le brin de laine, roulé sur une broche ou flûte E, de gauche à droite, lorsque la première croisure est levée, et de droite à gauche lorsque la seconde est levée. — Cette allée et cette venue s'appellent *duite*. Il faut au moins deux duites pour former une *hachure*, dont l'une doit être moins étendue que l'autre (fig. 12). — L'ensemble des duites *tassées* par le peigne constitue le tissage proprement dit.

La *figure* 10 représente le travail des duites.
La *figure* 11 — le travail de deux bandes à teintes plates liées ensemble sans couture.
La *figure* 12 — le travail de deux hachures à trois duites.
La *figure* 13 — le travail de trois hachures à trois duites.
La *figure* 14 — le tissage d'une figure régulière *relacée et dessinée* (¹).
La *figure* 15 — le tissage d'une figure irrégulière *relacée et dessinée*.
La *figure* 16 — { Une figure *modelée*, c'est-à-dire exécutée par le système du clair obscur ou mélange des hachures.

Métier mixte de Haute et Basse-Lisse.

Le nouveau métier que nous avons imaginé pour la fabrication, réunit les avantages de ceux de *haute* et *basse-lisse*, sans en avoir les inconvénients; sa forme élégante, qui se rapproche de celle d'un piano vertical de petite dimension, permet de le placer facilement dans un salon et de le considérer comme un objet d'ameublement.

Ce métier, *monté* pour le travail comme celui ordinaire de la *tapisserie de points*, a pour système de croisure deux rangs de lisses (ou demi-lames), que l'on fait lever alternativement pour croiser la chaîne à l'aide de léviers ou pédales (P, fig. 1). On peut, en outre, en faisant *basculer* sans efforts ses jumelles F G, lui donner l'aspect du métier de haute-lisse, et travailler ainsi, si l'on trouve cette position plus commode. Cependant, pour la facilité du travail et la vérité de représentation du modèle, nous recommanderons de donner aux jumelles une pente plus ou moins sensible, comme celle d'un pupitre à écrire. — Le métier étant incliné, le jour frappe sur le modèle roulé sur l'écran-conservateur H K placé sous les yeux, sur l'envers de l'ouvrage, sur la chaîne, et par conséquent sur le *trait ou dessin* qu'elle voile légèrement; et le modèle, que l'on peut placer par-derrière, se trouvera ainsi *en pleine lumière*.

Il a les avantages, d'une part, sur le métier de haute-lisse :

1° De dispenser d'avoir des *traces* sur la chaîne;

2° De laisser les deux mains libres pour lancer alternativement la *duite*;

3° De voir l'envers de l'ouvrage et le modèle parfaitement et également éclairés.

(1) On *relace* une figure en tissant les contours extérieurs (*voy.* A, *fig.* 14 et 15); et on la *dessine* en tissant sa forme intérieure (*voy.* B, *fig.* 14 et 15).

D'autre part, sur le métier de basse-lice :

1° De ne pas contraindre d'appuyer la poitrine sur *l'ensouple* en travaillant ;

2° De n'avoir à décrocher ni cordes, ni lisses, ni pédales, ni à détacher le trait pour lever le métier et voir l'endroit de l'ouvrage.

Ainsi, toutes les fois qu'on voudra voir l'endroit de l'ouvrage, on fera basculer le métier en poussant les deux *boutons* L *des supports* S, et on déploiera en même temps, comme la porte d'un secrétaire, perpendiculairement sur les fils de la chaîne, la table M (ou *porte-trait*), fixée sur les jumelles par l'une de ses arêtes, et à quelques lignes de l'ensouple d'en bas ; et tout cela ne sera que l'affaire d'un moment.

Objets et Ustensiles Indispensables à l'Artiste-Ouvrier.

1° Peigne en ivoire (fig. 3) ;

2° Grattoir en ivoire (fig. 4) ;

3° Aiguille à presser, ou petit poinçon (fig. 5) ;

4° Une pince pour enlever les boutons de la laine ou de la soie (fig. 6).

Tableaux-Modèles.

Pénétré de la spécialité de la tapisserie, et de l'imitation propre à ce genre de travail ; éclairé d'ailleurs par la pratique sur la possibilité de faire avec des gammes de couleurs, suffisamment rapprochées et suffisamment dégradées, des ouvrages d'un aspect agréable, nous avons cherché à les propager en exécutant des tableaux destinés à servir exclusivement de modèles, lesquels, peints largement, sous la direction de M. Deyrolle fils, de manière à se rapprocher de la peinture à teintes plates, sont susceptibles d'être copiés aussi facilement et aussi fidèlement qu'il est possible de le faire avec des matières colorées.

Le modèle, nous nous hâtons de le dire, dans lequel on rencontrera *la pureté des contours, la régularité et l'élégance des formes, la beauté des couleurs et les convenances de leur assortiment, et la simplicité de l'ensemble, qui en rend facile la vue distincte*, remédiera toujours, autant que possible, aux incertitudes de l'ouvrier, puisqu'il demeurera toujours sous ses yeux, et qu'il pourra le consulter sans cesse, et qu'en suivant de point en point ses indications il ne pourra manquer de réussir à bien faire.

D'un autre côté, le *calque* fait par nous, et placé sous les fils de la chaîne, dirigera le travail et les délinéations des détails, tels que lumière, demiteintes, ombres, reflets, etc., qui seront indiqués d'une manière précise et raisonnée par des lignes sensibles, pleines ou ponctuées. Des signes *chroma-*

tiques indiqueront, en outre, les couleurs à employer, dont l'assortiment sera choisi à l'avance.

La tapisserie, faite d'après ces modèles, se placera entre la tapisserie des Gobelins et la tapisserie de points; elle ressemblera à celle-ci, parce qu'elle résultera de la juxtaposition de fils colorés d'une étendue appréciable; et elle se rapprochera de la tapisserie des Gobelins, en ce sens que les figures seront modelées et tissées avec des teintes plates sous la forme de hachures, qui *elles-mêmes seront remplies sans compte de duites.*

Tapis à l'instar de Perse et de la Savonnerie.

Notre métier de basse-lisse et haute-lisse peut être employé à la fabrication des tapis qui exigent l'emploi de trois éléments :

1° Des fils de laine blancs, pour la plupart constituant la chaîne de tapis ;

2° Des fils de laine teinte, qui se fixent sur les fils de la chaîne, pris deux à deux, au moyen d'un nœud coulant perpendiculaire à la direction de ces derniers A, fig. 17. Ces fils, enveloppant en même temps la partie arrondie d'un *tranchefil* (fig. 7), forment des espèces de lacs que l'on coupe en le retirant, et qui, *ébarbés* avec des ciseaux dont les branches sont recourbées (fig. 8), présentent la surface d'un véritable velours de laine.

3° Des fils de chanvre simple B et double C qui servent à assujettir les fils de la chaîne entre eux, ou, pour mieux dire, les nœuds ou points que l'on passe d'un bout à l'autre du tapis dans l'ouverture que laissent les deux rangs de lisses ou croisures qu'on lève alternativement (fig. 8), et que l'on tasse avec le peigne en acier (fig. 9).

Le point seul qui constitue le tapis, le distingue des autres étoffes.

Ce genre de tissage ou de fabrication a l'avantage, sur la tapisserie, de nécessiter un nombre beaucoup moins considérable de gammes et de tons: car on peut former un grand nombre de couleurs et les modifier *d'après les principes du mélange et du contraste des couleurs.* Il y a, cependant, quelques remarques à faire relativement à l'application spéciale de ces principes à la confection des tapis, parce que cette application n'est pas absolument identique à celle des mêmes principes à l'art de la tapisserie des Gobelins. C'est ce que nous nous réservons de démontrer verbalement et par des modèles de tapis exécutés spécialement, d'après les observations et expériences faites par M. Chevreul.

Rouget De Lisle.

Fig. 1.
Fig. 2.
Fig. 3.
Fig. 4.
Fig. 5.
Fig. 6.
Fig. 7.
Fig. 8.
Fig. 9.
Fig. 10.
Fig. 11.
Fig. 12.

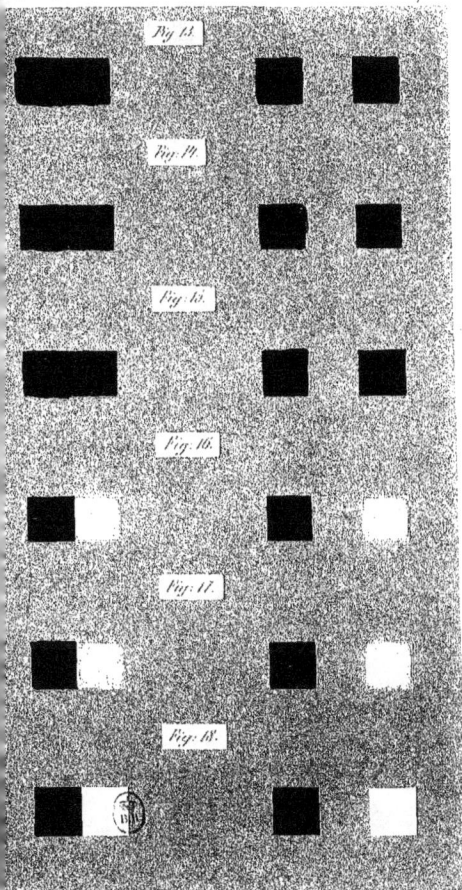
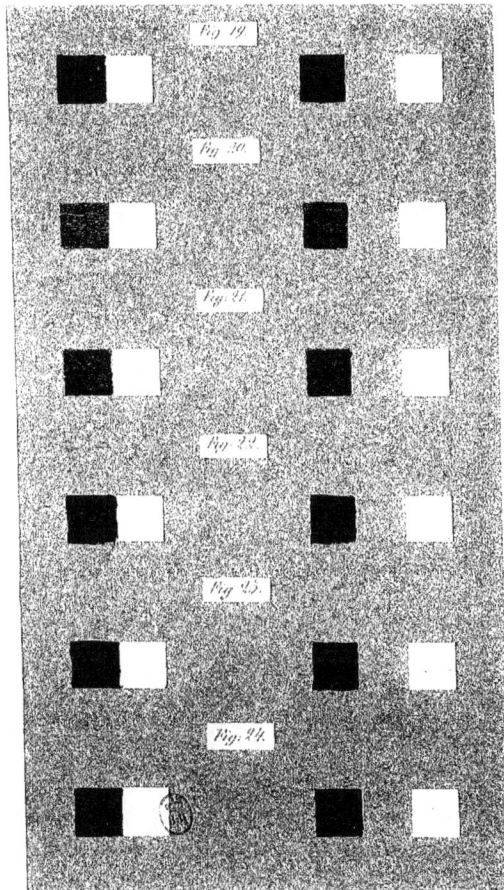

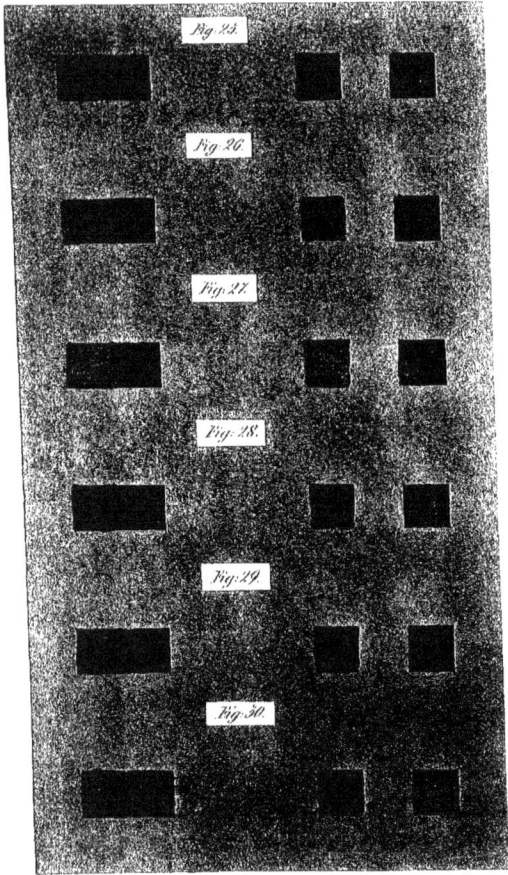

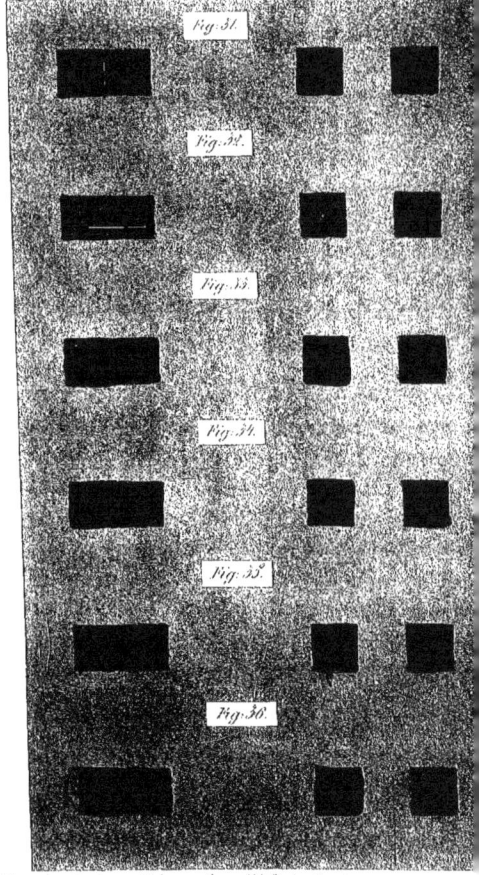

...urs et matériaux du dessinateur-Coloriste, d'après la loi du contraste simultané des couleurs, de M.r Chevreul, membre de l'Institut.

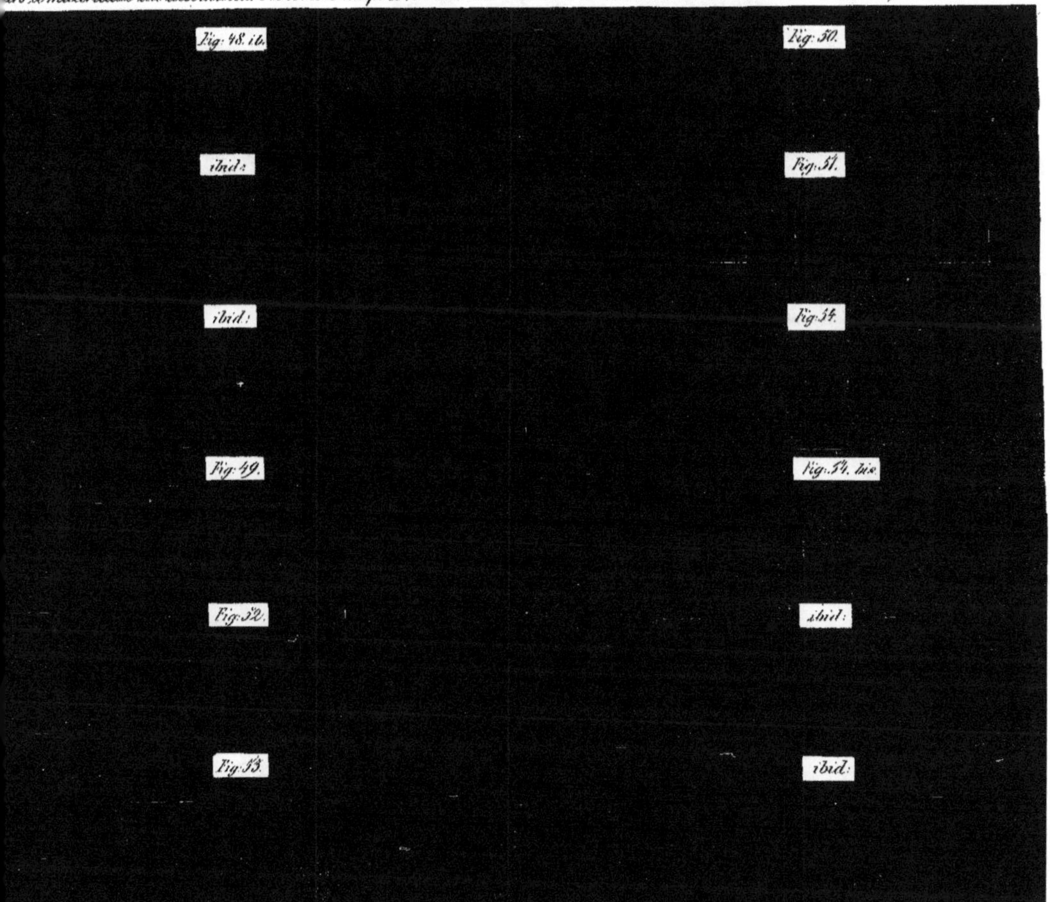

Fig. 48. ib.

Fig. 50.

ibid:

Fig. 51.

ibid:

Fig. 54.

Fig. 49.

Fig. 54. bis

Fig. 52.

ibid:

Fig. 53.

ibid:

Chromagraphie de Rouget de Lisle, breveté, Rue du Faubourg Poissonnière N.º 8. à Paris.

Fig. 54. bis.

Fig. 55.

Fig. 56.

Fig. 57.

Fig. 58.

Fig. 59.

Fig. 60.

Fig. 61.

Fig. 62.

ascendants supplémentaires.

Fig. 63.

Fig. 64.

Fig. 64. Fig. 65.

ibid ibid

ibid ibid

ibid ibid

Fig. 65 Fig. 67

Fig. 66 Fig. 68

Fig 69   Fig 70

assortiment supplémentaire

Fig 73   Fig 74

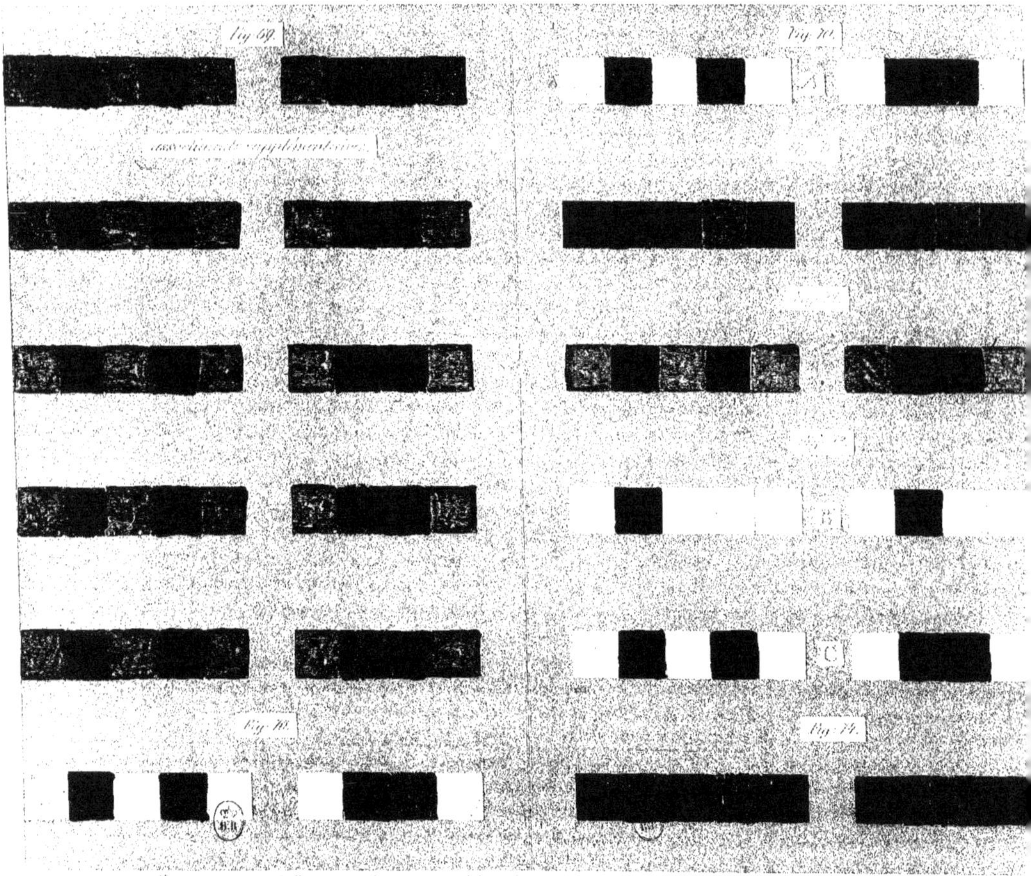

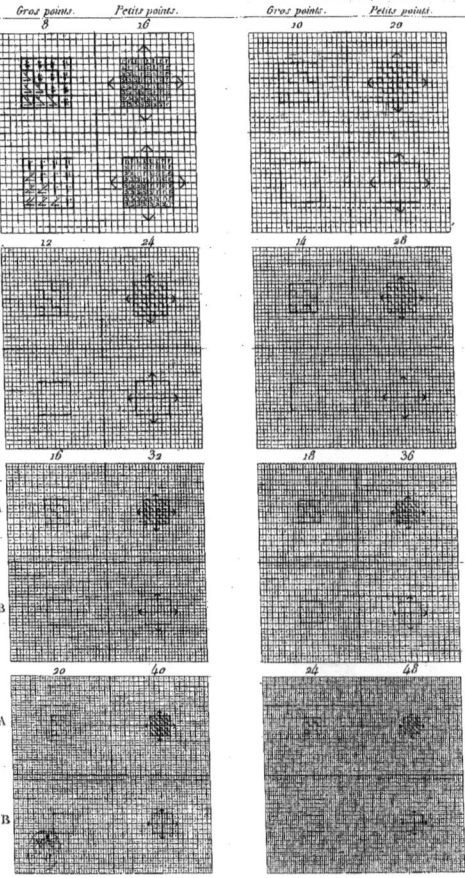

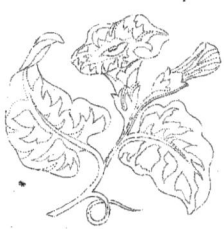

Fig. 2.

Fig. 3.

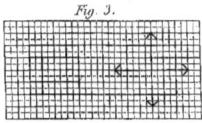

c. Fig. 4.

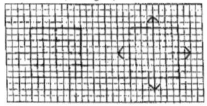

Fig. 5.

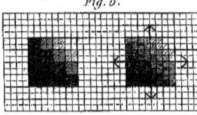

Fig. 6.

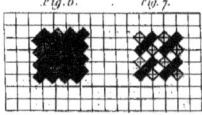

Fig. 7.

d. Fig. 8.

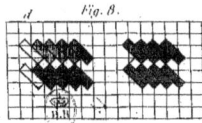

Fig. 9 ibid

Fig. 9.

Chromagraphie de Rouget DeLisle breveté, Rue du Faubourg Poissonnière N° 8. à Paris.

Durau fils Sculp!

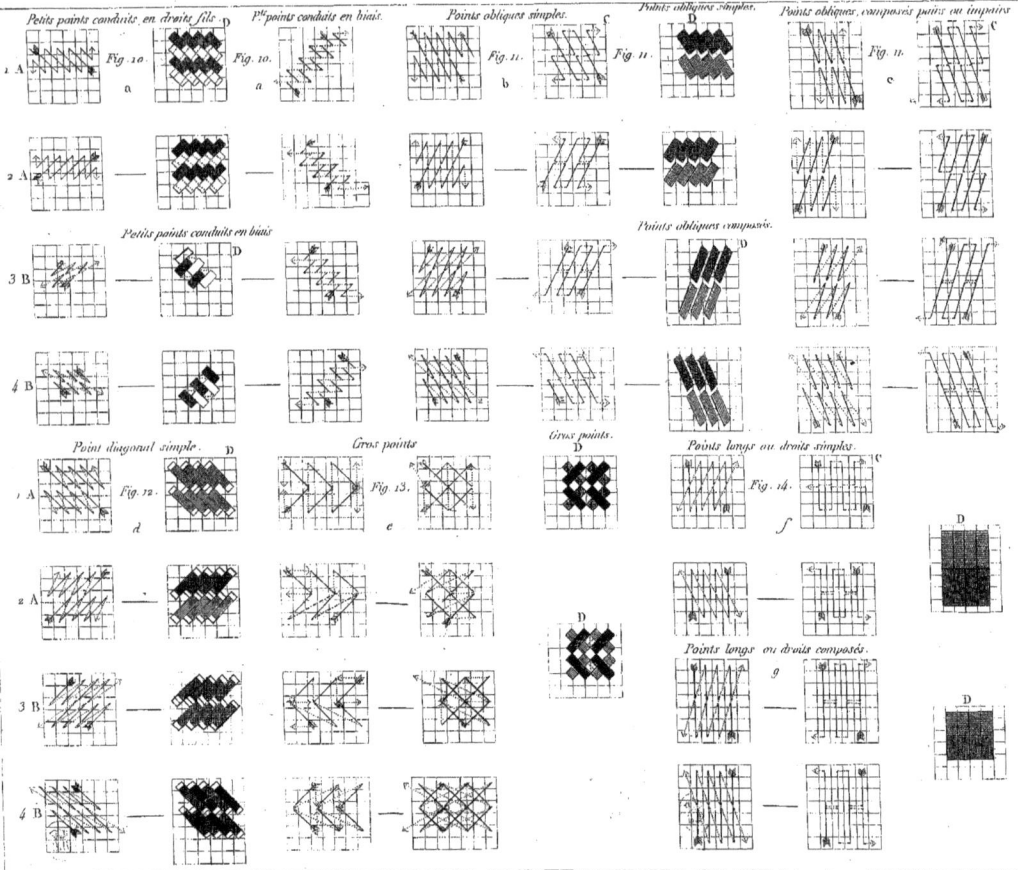

Petits points conduits en droits fils.   P.ts points conduits en biais.   Points obliques simples.   Points obliques simples.   Points obliques, composés pairs ou impairs.

Petits points conduits en biais.   Points obliques composés.

Point diagonal simple.   Gros points.   Gros points.   Points longs ou droits simples.

Points longs ou droits composés.

Points langs inpairs, conduits en biais.

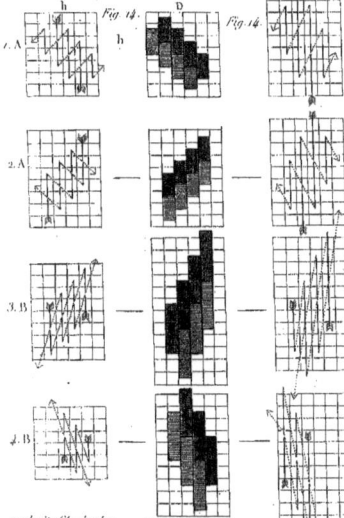

Point lang inpair, avec un carreau d'abandon, conduit en droits fils.

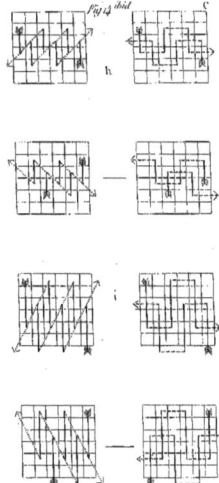

Point diagonal composé, conduit en droits fils.

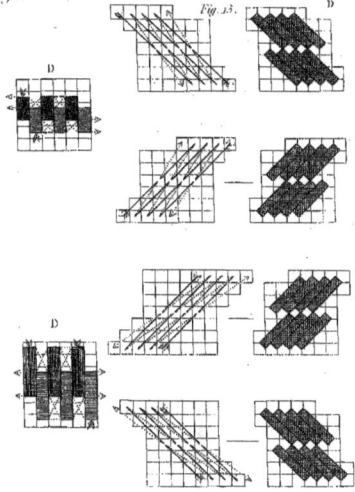

Fig. 14.

Fig. 14. ibid.

Fig. 13.

1. A

2. A

3. B

4. B

D

D

D

D

C

h

i

i

Points langs, conduits avec redoublement, sur un nombre impair de carreaux.

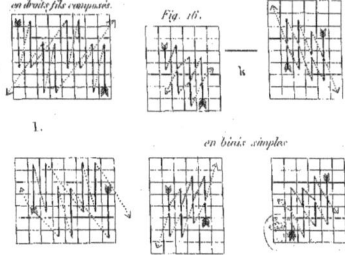

en droits fils simples.

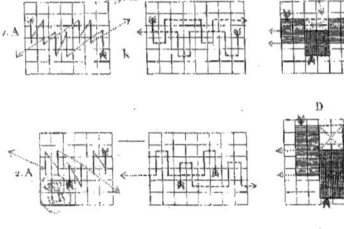

en droits fils composés.

compasés conduits en biais.

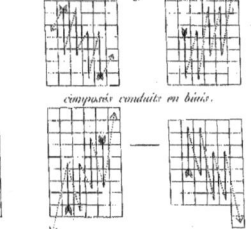

Fig. 15. ibid.

Fig. 16.

Fig. 16. ibid.

1. A

2. A

C

D

k

l

l

l

k

L

en biais simples.

Chromographie de Ranget DeLisle, Breveté, Rue du faubourg Poissonnière N°8, à Paris.

Durau fils Sculp.

Fig. 1.

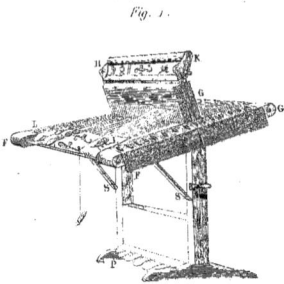

Fig. 3.

Fig. 7.

Fig. 9.

E.

Fig. 8.

Fig. 4.

Fig. 2.

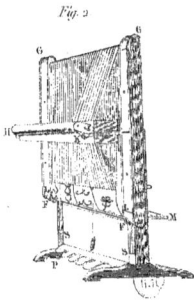

Fig. 6.

Fig. 5.

E.

Chromographie de Rouget.DeLisle.,Breveté. Rue du Faubourg Poissonnière N° 8, à Paris.

Vue à l'envers du Dessin.

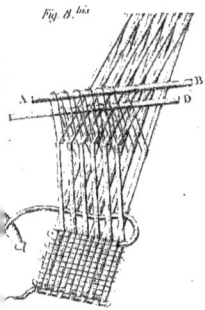

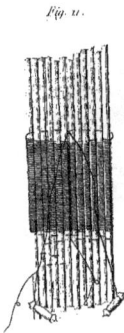

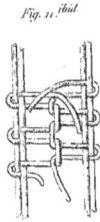

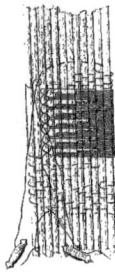

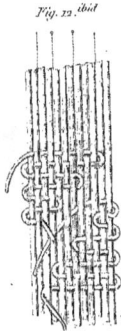

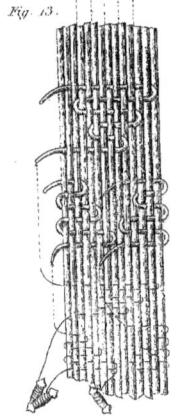

Fig. 13.

Fig. 8. bis

Fig. 11.

Fig. 11. ibid

Fig. 12.

Fig. 12. ibid

Vue à l'endroit du Dessin.

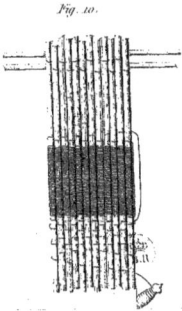

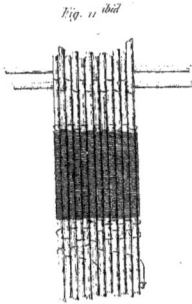

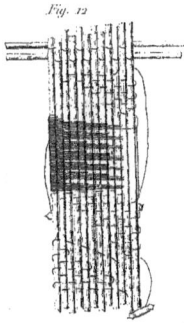

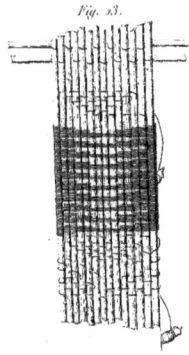

Fig. 13.

Fig. 10.

Fig. 11. ibid

Fig. 12.

Chromographie de Rouget Delisle, Breveté, Rue du Faubourg Poissonnière N.° 8, à Paris.

Leblanc Sculp.t

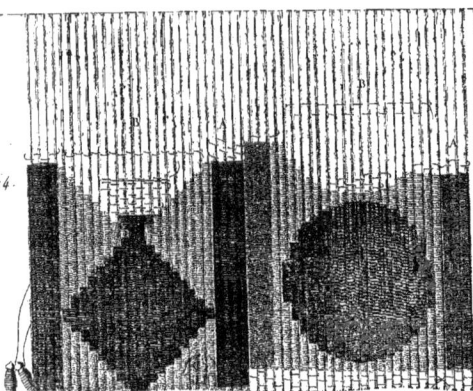

Fig. 14.

Fig. 15.

Fig. 16.

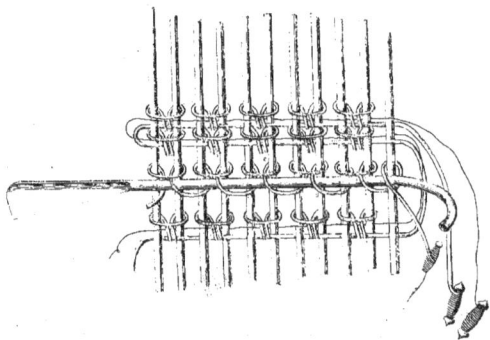

Fig. 17.

Chromographie de Rouget Del.isle, Breveté, Rue du Faubourg Poissonnière N° 8, à Paris.

Leblanc

TABLE CHROMATIQUE CIRCULAIRE, COMPOSÉE PAR ROUGET DeLISLE, BREVETÉ DU ROI,

d'après la théorie du contraste de M. CHEVREUL, Membre de l'institut, Directeur des teintures des Manufactures Royales

des Gobelins exécutés par MM. Deyrolle, père, chef d'atelier et Deyrolle, fils, peintre

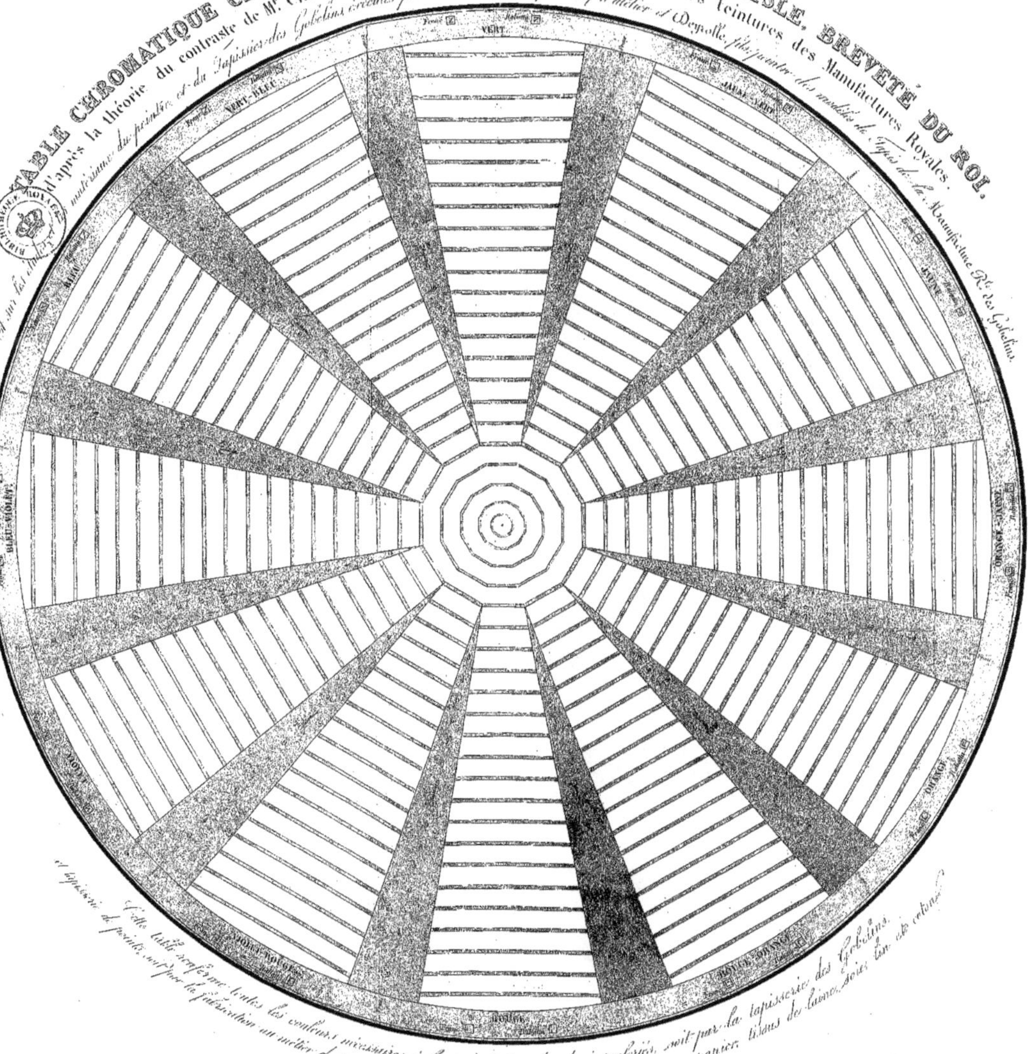

VERT-BLEU

VERT

JAUNE-VERT

BLEU-VIOLET

JAUNE

ORANGE-JAUNE

VIOLET

ROUGE-ORANGE

ROUGE-VIOLET

ORANGE

ROUGE

www.ingramcontent.com/pod-product-compliance
Lightning Source LLC
Chambersburg PA
CBHW070917280326
41934CB00008B/1758